BEI GRIN MACHT SICH IHR WISSEN BEZAHLT

- Wir veröffentlichen Ihre Hausarbeit, Bachelor- und Masterarbeit

- Ihr eigenes eBook und Buch - weltweit in allen wichtigen Shops

- Verdienen Sie an jedem Verkauf

Jetzt bei www.GRIN.com hochladen und kostenlos publizieren

Bibliografische Information der Deutschen Nationalbibliothek:

Die Deutsche Bibliothek verzeichnet diese Publikation in der Deutschen National-
bibliografie; detaillierte bibliografische Daten sind im Internet über http://dnb.d-
nb.de/ abrufbar.

Impressum:

Copyright © 2016 GRIN Verlag, Open Publishing GmbH
Druck und Bindung: Books on Demand GmbH, Norderstedt Germany
ISBN: 9783668331075

Bernd Hofmann

Gibt es eine sprachliche Verwandtschaft zwischen den Gewässernamen Weißeritz, Iser, Isar und Osero?

Zur europäischen Verbreitung von Hydronymen mit keltischer Wurzel

GRIN Verlag

Inhalt:

Gibt es eine sprachliche Verwandtschaft zwischen den Gewässernamen Weißeritz, Iser, Isar und Osero?

Zur europäischen Verbreitung von Hydronymen mit keltischer Wurzel

von Dr. Bernd Hofmann, Dresden

1.   Das Flusssystem der Wilden, Roten und vereinigten Weißeritz

In der rauhen, traditionell schnee- und niederschlagsreichen, oft aber auch sonnigen Kammregion des Osterzgebirges im Bundesland Sachsen und an dessen östlichen Ausläufern entspringen vorwiegend auf böhmischem Gebiet mehrere Flüsse. Diese streben im Wesentlichen in nördlichen Richtungen der Elbe zu. Die Müglitz und die Gottleuba beginnen ihren Lauf in den weniger hoch gelegenen, aber weitläufigen und regenreichen Kammregionen etwa zwischen den markanten böhmischen Bergkuppen Komáří hůrka (Mückenberg, 808 mNN) und Spičák (Schönwalder Spitzberg oder Sattelberg, 724 mNN). Flöha, Freiberger Mulde und Wilde Weißeritz kommen von der ebenso niederschlagsreichen Kammhochfläche zwischen Pramenáč (Brunnenberg, 909 mNN) und Loučná (Wieselstein, 960mNN). Die Rote Weißeritz entspringt in den Wäldern um den Kahleberg, mit 906 mNN die höchste Erhebung des sächsischen Osterzgebirges. Während die Wilde Weißeritz in ihrem Ober- und Mittellauf weite Wälder durchfließt und abseits von Verkehrswegen nur wenige Siedlungen berührt, wird die Rote Weißeritz bereits unmittelbar nördlich ihres Quellgebietes bis hin zur Talsperre Malter unweit der alten Bergstadt Dippoldiswalde nicht nur von vielen Siedlungen, sondern auf weiten Strecken auch von der Bundesstraße 170 und einer Schmalspurbahn begleitet, die allerdings nach dem Hochwasser von 2002 noch auf ihre vollständige Rekonstruktion wartet. Die Rote und die Wilde Weißeritz vereinigen sich in Freital-Hainsberg in der Nähe des S-Bahn-Haltepunktes Hainsberg-West. Durch Freital und den sog. Plauenschen Grund erreicht die vereinigte Weißeritz das Stadtgebiet von Dresden. Der erste und älteste Übergang über die vereinigte Weißeritz im Einzugsgebiet von Dresden war eine Brücke im heutigen Dresdener Stadtteil Löbtau. Sie entstand bereits im Mittelalter und verband den aus der Dresdner Innenstadt kommenden Fahrweg (heute Freiberger Straße) mit der bedeutenden "Freybergischen Chaussee" (heute: Kesselsdorfer Straße). 1837 entstand die bis heute erhaltene

Brücke. Erst 1995 saniert, wurde sie beim furchtbaren Hochwasser im August 2002 in Mitleidenschaft gezogen, ist mittlerweile jedoch wieder befahrbar /7/. Bei ihrem weiteren Lauf durch Dresden wurde das Flussbett der vereinigten Weißeritz durch Hochwasser und Kanalisierung mehrfach verändert. Ursprünglich nahe des alten Dresdener Stadtkerns in die Elbe mündend, wurde ihr Lauf 1893 aus verkehrstechnischen Gründen einige Kilometer stromab nach Dresden-Cotta verlegt. Dadurch stieg die Hochwassergefahr in Cotta stark an. Die Unberechenbarkeit der Weißeritz zeigte sich besonders 2002, als sie praktisch alle ihre alten Betten im Dresdner Stadtgebiet überflutete und sich sogar viel weiter östlich durch die Haupthalle des Dresdener Hauptbahnhofes einen neuen Weg bahnte /4,13/.

2. Der Flussname Weißeritz und seine Verwandten in Europa

Bei der Analyse des Namens Weißeritz stellt man fest, dass die Konsonantenfolge des Wortstammes unseres osterzgebirgischen Flusssystems „s-r" ist. Der Anlaut „w" hat sich bei der Eindeutschung aus „b", dem Anlaut des altslawischen Ursprungswortes *bystrŭ* bzw. *tsch. bystrý* in der Bedeutung von schnell oder *asl. bystrina* für Fluß entwickelt. (Eine Aufstellung hier verwendeter, weniger gebräuchlicher Abkürzungen zeigt **Tafel 1**.) Die Verbindung zu diesen altslawischen Ursprungs-wörtern ist noch im frühdeutschen Namen *Buistrizi* für einen an der vereinigten Weißeritz gelegenen mittelalterlichen Burgward erkennbar /12/. Ebenfalls bereits im Altslawischen hat sich offenbar zwischen „s" und „r" ein „t" etabliert, das wohl auch im slawischen Namen *Ister* für die untere Donau fortlebt, in *Weißeritz* aber wieder verschwunden ist. Der Suffix (Nachsilbe) bzw. Auslaut „itz" bzw. „ci" ist typisch für jüngerslawische bzw. eingedeutschte Orts-, Gewässer- und Flurnamen etc. und hat nichts mit der ursprünglichen Wortbedeutung zu tun /5,8/.

Tabelle 1: Im Text verwendete weniger gebräuchlicher Abkürzungen

asl	-	altslawisch	*kelt*	-	keltisch
bajuw	-	bajuwarisch	*rät*	-	rätoromanisch
bulg	-	bulgarisch	*russ*	-	russisch
dtsch	-	deutsch	*svw*	-	soviel wie
idg	-	indogermanisch	*tsch*	-	tschechisch
ital	-	italienisch			

Nun gibt es in Europa einige Flüsse und Seen mit der Konsonantenfolge „*s-r*" im Wortstamm. Dies zeigt ohne Anspruch auf Vollständigkeit die Aufstellung in **Tafel 2**. Allerdings sind auch einige Abwandlungen wie *s-k, s-l, j-s-l, s-r-k, s-t-r* zu beobachten. Diese dürften auf Konsonantenwechsel (*r* > *l*), auf relativ junge Adaptionen durch andere Sprachen, insbesondere im Laufe der Sprachentwicklung aufgenommene Prä- und/oder Suffixe (z.B. *rät. -ci* bzw. *ital. -co* bei *Isarci* bzw. *Isarco*, *-itz* bei *Weißeritz*) bzw. An- und/oder Auslaute (z.B. *W-* bei *Weißeritz*) zurückzuführen sein.

3. Zur Herkunft und Bedeutung von Gewässernamen mit der Konsonantenfolge „s-r" im Wortstamm

Die Herkunft und Semantik (Wortbedeutung) der Hydronyme (Gewässernamen) Iser, Isar und ihrer Variationen bis hin zur Weißeritz ist umstritten. Häufig wird eine Ableitung von *kelt. ys* oder *isirás* (wild, schnell, frisch, stark, reißend) vermutet /8/. Neuere Forschungen, die eine ältere, allgemeinere indogermanische (indoeuropäische) Herkunft dieser Gewässernamen von *idg.* "*es*" oder "*is*" in der Bedeutung „fließendes Wasser" annehmen, dürften dem nicht entgegenstehen. In heutigen Sprachen hat sich diese ältere Wurzel möglicherweise in den Worten *Eis* und *engl. ice* für den festen Aggregatzustand des Wassers erhalten /8/. Trotzdem erscheint es gewagt, von einer nur aus einem Vokal und einem Konsonanten bestehenden Wortwurzel regelmäßig auf eine konkrete Wortbedeutung zu schließen, weil sich vor allem Vokale sowohl ethnisch als auch geographisch über die Jahrtausende meist sehr stark verändert haben. Dagegen haben sich Folgen von zwei und mehr Konsonanten in Wortstämmen oft über große Zeiträume, Ethnien und Gebiete erstaunlich lange erhalten /14/.

Tabelle 2 Einige europäische Gewässernamen mit der Konsonantenfolge „s-r" im Wortstamm

Gewässername mit Konsonantenfolge	Land/Landschaft	Haupteinzugsgebiet	Bemerkungen
Eisack *(s-k)*	Italien/Zentralalpen	Alpen, Dolomiten	siehe *Isarco*
Ésera *(s-r)*	Nordost-Spanien	Mittlere Pyrenäen	Beliebter Wildwasserfluß
esera *(s-r)*	Südwest-Bulgarien	Piringebirge	Name mehrerer Eiszeitseen (esera=See) /6/
Isar *(s-r)*	Tirol/Bayern	Karwendel- und Wettersteingebirge, Alpenvorland	
Isarco *(s-r-(k,c))*	Italien/Zentralalpen	Alpen, Dolomiten	· 15 n. Chr.: Isarci *(rätisch?)* · Deutsch: Eisack; bis ins ausgehende 19. Jh.: Eisach *(bajuw. „-ach" angehängt)* /3/ · "*k,c*" gehören als Teil des Suffixes nicht zum Wortstamm
Iser *(s-r)* , Jizera *(s-r)*	Tschechische Rep./Böhmen	Iser- und Riesengebirge	"z" in *Jizera* wird als stimmhaftes "s" gesprochen
Isère *(s-r)*	Frankreich/Westalpen	Alpen-Westseite	
Ister *(s-(t)-r)*	Balkan, untere Donau	sehr groß	"t" vermutlich bei slawischer Übernahme eingeschoben
osero *(s-r)*	Russland		*russ.* für *See*
Weißeritz, *Buistrizi* *((b,w)-s-(t)-r-(z))*	Sachsen	Kammregion Osterzgebirge	· "*t*" vermutlich bei slawischer Übernahme eingeschoben · "*b,w*" und "z" gehören als An- bzw. Auslaute von Prä- und Suffixen nicht zum Wortstamm · Vereinigung zweier Flüsse · eingedeutscht aus *asl.* bystrŭ-schnell und bystrina-Fluß bzw. *tsch.* bystrý-schnell, flink, hurtig, munter /5/

Zur Verdeutlichung sei der spätantike griechische Flußname *Danapris* angeführt, der lateinisch *Danaper* geschrieben wurde /2/. Dieser Flussname mit vermutlich iranisch-skythischem Ursprung in der Bedeutung „Großes Wasser" veränderte sich über die germanisch-gotische Variante *Danapir* in die heutigen Namen *Dnjepr* (russisch) bzw. *Dnjapro* (weißrussisch) und *Dnipro* (ukrainisch). Die zunächst nicht sofort zu erkennende sprachliche Verwandtschaft der unterschiedlichen Namen für ein- und denselben Fluss erschließt sich erst bei der Betrachtung der stets gleichen Konsonantenfolge *d-n-p-r*. Auslaute wie das „s" bei *Danapris* gehören meist nicht zum Wortstamm und sind allgemein stärkeren Veränderungen unterworfen als dieser (s.o.). Das in einigen Sprachen zu findende „j" gehört als Erweichungszeichen zum folgenden Vokal und ist in diesem Falle kein Konsonant, sondern ein Aussprachezeichen. Die Konsonantenfolge *d-n-p-r* tritt also trotz aller Wandlungen durch ganz unterschiedliche Kultur- und Sprachkreise bei allen Namen in gleicher Weise auf, während sich die Vokale und der Auslaut „s" bei *Danapris* stark veränderten oder ganz wegfielen. Diese Eigentümlichkeit der Vokale ist bei verschiedenen Sprachen, besonders vom alten Orient bis hin zu den slawischen Sprachen zu beobachten. Einige altorientalische Völker benutzten sogar, möglicherweise in Erkenntnis der Bedeutung von Konsonantenfolgen für die Semantik, eine reine Konsonantenschrift ohne Vokale, wie einige nordsemitische Schriftsprachen seit dem zweiten vorchristlichen Jahrtausend bezeugen /10/. Hieraus ergibt sich, dass die Herausarbeitung der Konsonantenfolge von Wörtern, insbesondere der des Wortstammes, oftmals entscheidende Hinweise auf die ursprüngliche Wortbedeutung sowie auf Verwandtschaften zwischen Wörtern mit gleicher oder ähnlicher Konsonantenfolge liefern kann /14/. Aus diesem Grunde kann mit einiger Berechtigung das keltische *isirás* mit der Konsonantenfolge „s-r" im Wortstamm als Wurzel für die in Rede stehenden Gewässernamen angenommen werden. Dies gilt durchaus auch für den Flussnamen *Weißeritz*. Denn gemäß neueren Forschungen können die uns überlieferten Slawisierungen „auf Grund gemeinsamer indogermanischer Wurzeln" ähnliche Bedeutungen wie die ursprünglichen (vorslawischen) Bezeichnungen haben (/9/ S. 67).

In die gleiche sprachliche Kategorie wie *Iser*, *Isara* usw., also mit der Konsonantenfolge „s-r" im Wortstamm, gehört aber auch das in Osteuropa häufig vorkommende Wort für See, und zwar z.B. *russ. osero* bzw. *bulg. esera*. Nun liegen weder die russischen noch die bulgarischen Seen und übrigens auch nicht unsere *Weißeritz* im mutmaßlichen Verbreitungsgebiet der Kelten /1/. Trotzdem ist offenbar bei Begriffen mit ähnlicher Bedeutung, in diesem Falle fließendes oder stehendes Gewässer mit bestimmten Eigenschaften, die auf eine keltische Wurzel zurückgehende Stamm-Konsonantenfolge

„*s-r*" selbst über große Entfernungen auch in Wörter anderer indoeuropäischer Sprachfamilien unverändert eingegangen. Dagegen haben sich die das Klangbild hauptsächlich beeinflussenden Vokale geographisch, zeitlich und ethnisch teilweise sehr stark gewandelt (z.B. *Isar-osero-Weißeritz*).

Der Vollständigkeit halber sei erwähnt, dass von M. TORKE als ursprüngliche Bezeichnung der *Weißeritz* sogar ein „vor-indogermanischer Name der alteuropäischen Hydronymie", nämlich *Durante/Arantia* für möglich gehalten wird. Dieser könne sich im Namen der seit 1216 bezeugten Burg *Tharan(d)t* an der Wilden Weißeritz erhalten haben (/9/ S. 70).

4. Beziehungen zwischen Flüssen mit der Konsonantenfolge „s-r" im Wortstamm und ihren hydrogeographischen Eigenschaften

Was kennzeichnet nun Gewässer mit der Konsonantenfolge „*s-r*" im Wortstamm? Einen Hinweis liefert die adjektivische keltische Wurzel *isirás* selbst, die svw. *schnell, frisch* und *reißend*, aber auch *wild* und *stark* bedeuten kann /8/. Die 3 erstgenannten Eigenschaften treffen wohl vornehmlich für Fließgewässer zu, während sich die letztgenannten beiden Adjektive unter bestimmten Bedingungen durchaus auch auf Seen beziehen können. Wann aber waren und sind Gewässer schnell, frisch und reißend bzw. wild und stark und damit gefährlich für Siedlergemeinschaften am Unterlauf solcher Gewässer? Nämlich oft dann, wenn sie ein vergleichsweise großes Einzugsgebiet sowie große Lauflängen und Gefälle aufweisen. Bei Gewässern mit solchen hydrogeographischen Eigenschaften ist die Wahrscheinlichkeit groß, dass sie infolge von plötzlichen Schnee- bzw. Eisschmelzen und/oder heftigen Niederschlägen zu schlecht vorhersehbaren, verheerenden Hochwässern und Überschwemmungen neigen.

Wie **Tafel 3** zeigt, besitzt in der seit der Jungsteinzeit bäuerlich besiedelten Elbtalweitung zwischen Pirna und Meißen die **Weißeritz** tatsächlich mit Abstand sowohl das größte Einzugsgebiet als auch das größte Gesamtgefälle aller benachbarten rechts- und linkselbischen Elbzuflüsse. Bezüglich ihrer Lauflänge wird sie nur von der Wesenitz geringfügig übertroffen. Auf Grund ihrer hydrogeographischen Daten neigte und neigt die Weißeritz also im Vergleich zu den benachbarten Flüssen besonders bei Starkniederschlägen und Schneeschmelze zu unberechenbaren, verheerenden Hochwässern und Überschwemmungen. Da die frühen Siedler der Dresdner Elbtalweitung die Einzugsgebiete der Flüsse wohl nur unzureichend kannten, waren diese Fluten schwer voraussehbar und deshalb sehr gefährlich. Demzufolge musste ihnen die Weißeritz als reißend, wild und stark , eben als *isirás* erscheinen.

Ähnliches gilt für den Alpenfluß **Isar** und seine benachbarten Flüsse, siehe **Tafel 4**. Die Benutzung der offiziellen Quellhöhe von Hochgebirgsflüssen als Vergleichsgröße ist hier jedoch problematisch, da die zutage tretende Quelle, d. h. der „Ursprung" der Flüsse vor allem im Gebiet der Kalkalpen nicht immer die hydrographischen Verhältnisse ausreichend repräsentiert. Wichtiger ist das Quell**gebiet**, zu dessen Charakterisierung hier die Höhe des den wichtigsten Quellbächen am nächsten liegenden Bergmassivs bzw. -gipfels vorgeschlagen wird (in **Tafel 4** in Klammern). Mit diesem Kriterium liegt die Isar sowohl nach Einzugsgebiet als auch nach dem so definierten Gesamtgefälle deutlich vor dem vergleichbaren Lech und den benachbarten Flüssen Mangfall, Ammer/Amper, Würm und Loisach. Somit ist nachvollziehbar, dass für die im Voralpenraum zwischen Bodensee und Inn im ersten Jahrtausend v. Chr. nachweisbaren keltischen Stammesgruppen der Vindeliker die Isar eine ähnliche Rolle spielte wie die Weißeritz für die prähistorischen Siedler der Elbtalweitung zwischen Pirna und Meißen. Sie erschien ihnen sicher gleichermaßen reißend, wild und stark, eben *isirás*. Möglicherweise sind die keltischen Stämme des Voralpenraumes sogar die Schöpfer des Flussnamens Isar, der später durch andere Ethnien und in anderen Gebieten übernommen wurde[1].

Infolge dieser hydrogeographischen Merkmale konnten und können am Unterlauf dieser Flüsse und an einigen Seen unverhoffte und besonders kräftige bzw. zerstörerische Hochwasser auftreten. Diese konnten von den in prähistorischen Zeiten am Unterlauf siedelnden, Ackerbau und Viehzucht treibenden Stämmen schlecht vorausgesehen werden, da diese die Quellgebiete und selbst die Ober- und Mittelläufe der Flüsse bzw. Seen meist nur unzureichend kannten. Solche Gewässer mussten dadurch als besonders gefährlich gelten. Selbst in heutiger Zeit brach das letzte verheerende Hochwasser der Weißeritz im Jahre 2002, das vielen Anwohnern bis heute in schrecklicher Erinnerung ist, trotz Talsperren und moderner Kommunikationsmittel scheinbar urplötzlich herein. Man denke auch an die nicht seltenen, noch heute manchmal

---

[1] Hinweis: Der Inn ist in **Tafel 4** nur zum Vergleich angegeben, da er eine andere „Größenordnung" darstellt: Er galt offenbar in alten Zeiten als der Fluss schlechthin, da der Name Inn von *kelt.* "*en*" im Sinne von *Wasser* abgeleitet wird /11/.

tödlichen Unfälle russischer Eisfischer auf zugefrorenen Seen beim plötzlichen Aufbruch der Eisdecke. Eine sprachliche Verwandtschaft zwischen europäischen Gewässern mit der Konsonantenfolge „s-r" im Wortstamm, insbesondere zwischen Isar, Iser, Weißeritz und Osero, kann somit auf Grund hydrogeographischer Ähnlichkeiten durchaus als wahrscheinlich gelten.

5.   Resümee

Die vorliegende Arbeit beschäftigt sich mit der Herkunft und Semantik (Wortbedeutung) einiger europäischer Hydronyme (Gewässernamen). Gewässer-namen mit der Konsonantenfolge „s-r" im Wortstamm wie *Isar, Iser* und *Weißeritz* für Flüsse sowie *esera* bzw. *osero* für Seen finden sich in vielen Teilen Europas. Sie lassen sich mit einiger Wahrscheinlichkeit auf die adjektivische keltische Wurzel *isirás* in der Bedeutung von wild, schnell, frisch, stark oder reißend zurückführen. Flüsse mit dieser Namenswurzel zeichnen sich dadurch aus, dass sie in höheren Lagen von Mittel- oder Hochgebirgen entspringen, im Vergleich zu benachbarten Flüssen große bis sehr große Lauflängen und Gefälle sowie besonders große und niederschlagsreiche Einzugsgebiete besitzen. Wie vergleichende Untersuchungen des Autors über die hydrogeographischen Eigen-schaften des Osterzgebirgsflusses Weißeritz sowie des Alpenflusses Isar und ihrer Umgebungen zeigten, trifft dies auf beide Flüsse gleichermaßen zu. Auch sind deren Quellgebiete und Oberläufe oft bis in den Nachwinter hinein besonders stark vereist oder mit großen Schneemengen bedeckt. Dies könnte bei Tauwetter häufiger als bei benachbarten Flüssen zu Eisstau und plötzlichem verheerenden Hochwässern geführt haben. Natürlich sind die slawischen Seen (*osero, esera*) keine Flüsse. Gleichwohl könnte auch hier das Auftreten unerwarteter wilder und starker Überschwemmungen, wohl meist bei einer Eisschmelze infolge von plötzlichen Temperaturanstiegen, der ursprüngliche Grund für die gleiche sprachliche Wurzel sein.

6.   Literatur:

/1/   Anonym: Mutmaßliches Ursprungsgebiet der Kelten und Verbreitung keltischer Kultur in Europa und Kleinasien von 800 bis 400 v. Chr. Quelle: http://de.wikipedia.org/wiki/Kelten, 25. 02. 2009

/2/   Dnepr. Wikipedia, 16.06.2009

/3/   Eisack. Wikipedia, 12.02.2009

/4/   Eggert H. (Hrsg.): Jahrhundertflut in Sachsen - Eine Bildchronik der Hochwasserkatastrophe 2002. Dresdner Druck- und Verlagshaus, 1. Auflage, September 2002, S.30

/5/   Fick A., Falk H., Torp A., Crist S.: Wörterbuch der indogermanischen Sprachen, 3. Teil, Wortschatz der Germanischen Spracheinheit, 1909/2003, S. 188 (http://lexicon.ff.cuni.cz/pdf/pgmc_torp/pgmc_torp.pdf)

/6/   http://de.zonebulgaria.com/gebirge/pirin/(14.03.09)

/7/   http://www.dresdner-stadtteile.de/Sudwest/Lobtau/Strassen_Lobtau/Lobtauer_Brucken/lobtauer_brucken.html, vom 30.03.2009)

/8/   Isar. Wikipedia, 26.01.2009

/9/   Torke M.: Borbin, Ilgin, Isin: Ein Versuch. Mitteilungsheft 4 des Arbeitskreises Sächsische Schweiz im Landesverein Sächsischer Heimatschutz e.V., Pirna 2006, S. 53-70

/10/   Ugaritische Schrift. Wikipedia, 08.06.2009

/11/   Reitzenstein von, W.: Lexikon bayerischer Ortsnamen. München 1991. ISBN 978-3-4065520-6-9

/12/   Spehr R., Boswank H.: Dresden, Stadtgründung im Dunkel der Geschichte. Verlag D.J.M., 2000, ISBN 3 9803091-1-8

/13/   Hofmann B.: Das Flusssystem der Wilden, Roten und vereinigten Weißeritz im Osterzgebirge. Erzgebirgische Heimatblätter (Marienberg), 33. Jgg., H. 1/2012, S. 28-31, ISSN 0232-6078

/14/   Hofmann B.: Zur Konsistenz von Konsonantenfolgen slawisch-deutscher Lexeme und deren Bedeutung für die historische Semantik. In: Historische Sprachforschung 124, S. 284-291, ISSN 0935-3518, © Vandenhoeck & Ruprecht GmbH & Co. KG, Göttingen 2011 [2012]

Zeichnungsnachweis: Bernd Hofmann (4 Tafeln)

Anhang: Tafeln 3 und 4

a) Nebenflüsse links der Elbe

Fluss	Einzugs-gebiet (ca. km²)	Länge (ca. km)	Quell/Mündungs-höhe (ca. mNN)	Gesamtge-fälle (ca. m)	Bem./Quelle
Weißeritz, wilde + vereinigte	374 [1]	65	823/104	719	Wikipedia; http://www.smul.sachsen.de/umwelt/download/klima/Anlage-3_Geeignete-Pegel-gesamt.pdf
Gottleuba	252	34	719/113	606	Wikipedia
Müglitz	214	50	785/111	674	http://www.ag-naturhaushalt.de/Mueglitz.htm
Triebisch	177	40	427/102	325	http://www.regiowis.de/index2.php?id=18&unternehmen=301
Lockwitz	80	20	550/110	440	

[1] Wilde, rote und vereinigte Weißeritz

b) Nebenflüsse rechts der Elbe

Fluss	Einzugs-gebiet (ca. km²)	Länge (ca. km)	Quell/Mündungs-höhe (ca. mNN)	Gesamtge-fälle (ca. m)	Bem./Quelle
Wesenitz	270	69	560/113	447	http://www.geooekologie.de/download_forum/forum_2001_3_spfo013e.pdf
Prießnitz	40	24	287/106	181	http://www.smul.sachsen.de/umwelt/download/klima/Anlage-3_Geeignete-Pegel-gesamt.pdf

Tafel 3 Einzugsgebiete, Lauflängen sowie Quell- und Mündungshöhen von größeren Nebenflüssen der Elbe zwischen Pirna und Meißen (geordnet nach Größe des Einzugsgebietes)

Fluss	Einzugs-gebiet (ca. km²)	Länge (ca. km)	Quell- und Mündungshöhe (ca. mNN)	Gesamt-gefälle (ca. m)	Bem./Quelle (Wikipedia)
Inn	25700	517	2484 (4049)/291	2193 (3758)	Haupt-Quellgebiet (Sela/Maloja; Flaz/Bernina-/Rosegbach): Bernina (4049 mNN); Rosenheim[1]
Isar	8370	295	1160 (2749)/310	848 (2439)	Quellgebiet (Karwendelbach): Birkkarspitze (2749mNN); Bad Tölz[1]
Lech	3926	264	1840 (2704)/392	1448 (2312)	Quellgebiet (Formarinbach): Rote Wand (2704mNN); Füssen[1]
Mangfall	1099	58	726/444	282	Rottach-Egern[1]; atypischer Flusslauf; Nebenfluss des Inns, Tegernsee
Ammer/Amper	?	168	850/408	442	Nebenfluss der Isar; Ammersee; Oberammergau[1]
Würm	?	35	596/		Nebenfluss der Amper; Abfluß des Starnberger Sees
Loisach	?	114	1060/565	495	Nebenfluss der Isar; Kochelsee; Murnau[1]

Tafel 4 Einzugsgebiete, Lauflängen sowie Quell- und Mündungshöhen von größeren Alpenflüssen zwischen Inn und Lech (geordnet nach Größe des Einzugsgebietes)

[1] Erste größere (heutige) Siedlung nach Austritt aus den Alpen